创新家装设计选材与预算第 2 季 编写组 编

创新家装设计
选材与预算 第 2 季

简约现代

U0243953

机械工业出版社

CHINA MACHINE PRESS

"创新家装设计选材与预算第2季"包括简约现代、混搭之美、清新浪漫、中式演绎、低调奢华五个分册。针对整体风格和局部设计的特点，结合当前流行的家装风格，每分册又包含客厅、餐厅、卧室、厨房和卫浴五大基本空间。为方便读者进行材料预算及选购，b本书有针对性地配备了通俗易懂的材料贴士，并对家装中经常用到的主要材料做了价格标注，方便读者参考及预算。

图书在版编目（CIP）数据

创新家装设计选材与预算. 第2季. 简约现代 ／ 创新家装设计选材与预算第2季编写组编. — 2版. — 北京 ： 机械工业出版社，2016.10
ISBN 978-7-111-55199-7

Ⅰ. ①创… Ⅱ. ①创… Ⅲ. ①住宅－室内装修－装修材料②住宅－室内装修－建筑预算定额 Ⅳ. ①TU56 ②TU723.3

中国版本图书馆CIP数据核字(2016)第248865号

机械工业出版社（北京市百万庄大街22号　邮政编码 100037）
策划编辑：宋晓磊　　　　　　　　责任编辑：宋晓磊
责任印制：李　洋　　　　　　　　责任校对：白秀君
北京新华印刷有限公司印刷

2016年11月第2版第1次印刷
210mm×285mm · 6印张 · 190千字
标准书号：ISBN 978-7-111-55199-7
定价：29.80元

凡购本书，如有缺页、倒页、脱页，由本社发行部调换
电话服务　　　　　　　　　　　网络服务
服务咨询热线:(010)88361066　　机工官网:www.cmpbook.com
读者购书热线:(010)68326294　　机工官博:weibo.com/cmp1952
　　　　　　　(010)88379203　　教育服务网:www.cmpedu.com
封面无防伪标均为盗版　　　　金书网:www.golden-book.com

目录
Contents

材料选购预算速查表

P02 黑色烤漆玻璃

P10 茶色镜面玻璃

P18 艺术地毯

P26 石膏板肌理造型

P34 磨砂玻璃

P39 大理石踢脚线

P44 浅啡网纹大理石波打线

P50 松木板吊顶

P54 白枫木格栅

P62 艺术墙贴

P70 强化复合木地板

P74 灰色亚光墙砖

P80 三氰饰面板

P84 深啡网纹大理石

P90 黑色镜面玻璃

简约现代
客厅

❶ 皮纹砖

❷ 雕花银镜

❸ 条纹壁纸

❹ 车边银镜

❺ 灰白色网纹玻化砖

❻ 黑色烤漆玻璃

❼ 钢化玻璃立柱

❶ 米色玻化砖

❷ 条纹壁纸

❸ 肌理壁纸

❹ 水曲柳饰面板

❺ 黑色亚光墙砖

❻ 黑色烤漆玻璃

❼ 雕花银镜

▶ 烤漆玻璃具有极强的装饰效果，主要应用于墙面、背景墙的装饰，并且适用于任何场所的室内外装饰。黑色烤漆玻璃具有大气磅礴的气势，用于现代或者简约风格的室内装饰比较合适。如果想大面积使用，搭配其他颜色、质感的材料会降低大面积使用带来的沉重感、压抑性、漂浮感。用作吊顶时一定要固定好。如果不是贴着用，最好用钢化过的厚8mm以上的烤漆玻璃，成本比墙纸略高。

参考价格：70~150 元 /m²

❶ 皮纹砖

❷ 车边银镜

❸ 雕花烤漆玻璃

❹ 白枫木装饰线

❺ 车边银镜

❻ 中花白大理石

❼ 皮革软包

❶ 黑色烤漆玻璃
❷ 布艺装饰硬包
❸ 云纹大理石
❹ 羊毛地毯
❺ 石膏板拓缝
❻ 爵士白大理石
❼ 白色玻化砖

❶ 雕花烤漆玻璃

❷ 木纹大理石

❸ 直纹斑马木饰面板

❹ 中花白大理石

❺ 黑色烤漆玻璃

❻ 米色网纹大理石

❼ 密度板造型隔断

❶ 印花壁纸

❷ 茶镜装饰线

❸ 白枫木窗棂造型贴银镜

❹ 肌理壁纸

❺ 黑镜装饰线

❻ 银镜装饰线

❼ 浅啡网纹大理石波打线

❶ 灰镜装饰线

❷ 黑胡桃木饰面板

❸ 艺术地毯

❹ 雕花银镜

❺ 木纹大理石

❻ 布艺软包

❼ 米色玻化砖

❶ 米黄大理石

❷ 印花壁纸

❸ 肌理壁纸

❹ 中花白大理石

❺ 装饰灰镜

❻ 陶瓷锦砖

❼ 泰柚木饰面板

❶ 爵士白大理石

❷ 混纺地毯

❸ 深啡网纹大理石波打线

❹ 直纹斑马木饰面板

❺ 条纹壁纸

❻ 羊毛地毯

❼ 仿古砖

❶ 白枫木装饰线

❷ 肌理壁纸

❸ 黑胡桃木装饰线

❹ 车边茶镜

❺ 茶色镜面玻璃

❻ 装饰银镜

❼ 印花壁纸

▶ 在室内安装镜子是变化空间的常见手段。对于空间局促的地方，用镜子能增大空间感，或反射光线以增加室内光的照明度。居室中以茶色镜面玻璃作为背景墙的装饰，可以舒缓压迫感，还可以当作穿衣镜使用。装饰采用镜面玻璃，品位高雅，新颖别致，其功能随着室内装饰的不断深化，日益趋向实用与观赏相结合，更易与居室中的其他家具相搭配。

参考价格： 120~180 元 /m²

❶ 米黄网纹大理石

❷ 黑白根大理石装饰线

❸ 米色玻化砖

❹ 密度板造型贴银镜

❺ 白枫木装饰线

❻ 中花白大理石

❼ 有色乳胶漆

❶ 中花白大理石

❷ 木质装饰线描银

❸ 装饰灰镜

❹ 条纹壁纸

❺ 木质踢脚线

❻ 有色乳胶漆

❼ 艺术地毯

① 肌理壁纸

② 水曲柳饰面板

③ 浅米色玻化砖

④ 艺术地毯

⑤ 木纹大理石

⑥ 深啡网纹大理石

⑦ 直纹斑马木饰面板

1 有色乳胶漆
2 条纹壁纸
3 石膏板肌理造型
4 黑色烤漆玻璃
5 木纹大理石
6 艺术地毯
7 仿木纹玻化砖

❶ 云纹大理石
❷ 灰白色玻化砖
❸ 肌理壁纸
❹ 白枫木装饰线
❺ 装饰灰镜
❻ 印花壁纸
❼ 车边茶镜

❶ 水曲柳饰面板
❷ 陶瓷锦砖
❸ 大理石踢脚线
❹ 黑白根大理石
❺ 爵士白大理石
❻ 泰柚木饰面板
❼ 仿古砖

❶ 白色人造石拓缝
❷ 有色乳胶漆
❸ 仿木纹玻化砖
❹ 印花壁纸
❺ 石膏装饰线
❻ 中花白大理石
❼ 米色玻化砖

❶ 黑色烤漆玻璃

❷ 雕花烤漆玻璃

❸ 肌理壁纸

❹ 米黄网纹大理石

❺ 艺术地毯

❻ 泰柚木饰面板

❼ 黑色亚光墙砖

▶ 艺术地毯具有经久耐用、容易清洁等特性，既有特殊的编织纹路，又有耐磨、防火、消声等效果，且其上摆放家具之后不会有压纹产生。艺术地毯适合摆放在客厅、卧室等地方，既美观又实用。

参考价格：规格1400mm×2000mm 400~550元

❶ 肌理壁纸

❷ 有色乳胶漆

❸ 羊毛地毯

❹ 仿木纹玻化砖

❺ 密度板造型贴银镜

❻ 混纺地毯

❼ 米色玻化砖

① 黑色烤漆玻璃

② 有色乳胶漆

③ 条纹壁纸

④ 木质搁板

⑤ 中花白大理石

⑥ 肌理壁纸

⑦ 仿木纹玻化砖

❶ 黑色烤漆玻璃
❷ 有色乳胶漆弹涂
❸ 羊毛地毯
❹ 强化复合木地板
❺ 爵士白大理石
❻ 装饰银镜
❼ 石膏板浮雕

❶ 印花壁纸
❷ 白色乳胶漆
❸ 黑色烤漆玻璃
❹ 密度板造型
❺ 中花白大理石
❻ 白枫木格栅

1 印花壁纸

2 装饰茶镜

3 艺术地毯

4 爵士白大理石

5 米白色玻化砖

6 装饰灰镜

7 米色洞石

❶ 竹木地板

❷ 灰白色网纹玻化砖

❸ 肌理壁纸

❹ 米白色亚光玻化砖

❺ 车边银镜

❻ 密度板雕花隔断

❼ 爵士白大理石

❶ 铁锈黄网纹大理石

❷ 车边银镜

❸ 爵士白大理石

❹ 印花壁纸

❺ 有色乳胶漆

❻ 装饰银镜

❼ 银镜装饰线

① 装饰银镜

② 布艺软包

③ 印花壁纸

④ 有色乳胶漆

⑤ 石膏板肌理造型

⑥ 白色波浪板

⑦ 米色亚光墙砖

▶ 纸面石膏板选购时要注意：优质纸面石膏板的护面纸用的是上等原木浆纸，而劣质的纸面石膏板用的是再生纸浆生产出来的纸张，较重较厚、强度较差、表面粗糙，有时可看见油污斑点，易脆裂；优质纸面石膏板的板芯白，而差的纸面石膏板板芯发黄（含有黏土），颜色暗淡；相同厚度的纸面石膏板，优质的板材比劣质的一般要轻。在达到标准强度的前提下，越轻的纸面石膏板越好。

参考价格： 规格 2400mm×1200mm×9.5mm 35~60 元

1 泰柚木饰面板

2 羊毛地毯

3 密度板树干造型贴黑镜

4 车边茶镜

5 白色玻化砖

6 白色波浪板

7 云纹大理石

❶ 有色乳胶漆

❷ 云纹大理石

❸ 白枫木装饰线

❹ 条纹壁纸

❺ 米白色玻化砖

❻ 黑色烤漆玻璃

❼ 米色洞石

❶ 有色乳胶漆
❷ 羊毛地毯
❸ 强化复合木地板
❹ 混纺地毯
❺ 木质踢脚线
❻ 白枫木装饰线

❶ 装饰银镜
❷ 米色大理石
❸ 泰柚木饰面板
❹ 茶色镜面玻璃
❺ 石膏板拓缝
❻ 条纹壁纸
❼ 艺术地毯

❶ 装饰茶镜
❷ 米黄网纹大理石
❸ 密度板雕花
❹ 木纹大理石
❺ 爵士白大理石
❻ 白色乳胶漆
❼ 强化复合木地板

❶ 黑色烤漆玻璃
❷ 中花白大理石
❸ 布艺软包
❹ 装饰银镜
❺ 灰白色网纹亚光玻化砖
❻ 桦木装饰线
❼ 桦木饰面板

简约现代
餐厅

1 密度板造型隔断

2 灰白色网纹玻化砖

3 强化复合木地板

4 水曲柳饰面板

5 密度板雕花隔断

6 肌理壁纸

7 大理石踢脚线

33

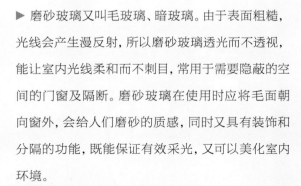

❶ 磨砂玻璃

❷ 条纹壁纸

❸ 仿木纹玻化砖

❹ 钢化玻璃砖

❺ 深啡网纹大理石波打线

❻ 印花壁纸

❼ 车边银镜

▶ 磨砂玻璃又叫毛玻璃、暗玻璃。由于表面粗糙，光线会产生漫反射，所以磨砂玻璃透光而不透视，能让室内光线柔和而不刺目，常用于需要隐蔽的空间的门窗及隔断。磨砂玻璃在使用时应将毛面朝向窗外，会给人们磨砂的质感，同时又具有装饰和分隔的功能，既能保证有效采光，又可以美化室内环境。

参考价格：厚 12 mm 钢化磨砂玻璃 120~180 元 /m²

❶ 泰柚木饰面板

❷ 仿木纹亚光玻化砖

❸ 中花白大理石

❹ 印花壁纸

❺ 灰白色网纹玻化砖

❻ 泰柚木饰面板

❼ 陶瓷锦砖

❶ 磨砂玻璃

❷ 白色乳胶漆

❸ 浅啡网纹大理石

❹ 仿木纹玻化砖

❺ 肌理壁纸

❻ 陶瓷锦砖

❼ 木质搁板

① 雕花清玻璃

② 有色乳胶漆

③ 米色网纹玻化砖

④ 泰柚木饰面板

⑤ 木质搁板

⑥ 仿木纹玻化砖

⑦ 泰柚木饰面板

❶ 肌理壁纸
❷ 车边银镜
❸ 大理石拼花
❹ 条纹壁纸
❺ 有色乳胶漆
❻ 木质踢脚线
❼ 米黄网纹大理石波打线

❶ 黑胡桃木饰面板

❷ 印花壁纸

❸ 车边银镜

❹ 大理石踢脚线

❺ 木质搁板

❻ 装饰珠帘

❼ 木质踢脚线

▶ 光照强烈的位置建议用大理石做踢脚线，在客厅中用大理石倒角做踢脚线，既显大气，也很耐用。踢脚线的高度也是有讲究的，选择的时候要结合整个布局的高度通盘考虑。

参考价格： 150~500 元 /m²

1 手绘墙饰

2 木质踢脚线

3 有色乳胶漆

4 仿古砖

5 黑色烤漆玻璃

6 车边银镜

7 米白色玻化砖

① 车边银镜

② 黄色玻化砖

③ 装饰珠帘

④ 条纹壁纸

⑤ 大理石踢脚线

⑥ 黑色胡桃木饰面板

⑦ 米白色亚光玻化砖

❶ 桦木饰面板

❷ 米色亚光玻化砖

❸ 磨砂玻璃

❹ 水曲柳饰面板

❺ 泰柚木饰面板

❻ 印花壁纸

❼ 强化复合木地板

① 车边银镜

② 水曲柳饰面板

③ 肌理壁纸

④ 石膏顶角线

⑤ 米色玻化砖

⑥ 雕花银镜

⑦ 木纹大理石

① 热熔玻璃

② 浅啡网纹大理石波打线

③ 有色乳胶漆

④ 木质踢脚线

⑤ 石膏板拓缝

⑥ 装饰灰镜

⑦ 手绘墙饰

▶ 浅啡网纹大理石具有较高的强度和硬度，还具有耐磨和持久的特性，而且天然石材经表面处理后可以获得优良的装饰性，能够很好地搭配室内空间的装饰。空间宽敞的居室内使用网纹大理石装饰，材料粗犷而坚硬，并且具有大线条的图案，可以突出空间的气势。

参考价格：规格 800mm×800mm 120~160 元 / 片

① 肌理壁纸

② 木质搁板

③ 灰白色亚光玻化砖

④ 白色乳胶漆

⑤ 茶色镜面玻璃

⑥ 泰柚木饰面板

⑦ 深啡网纹大理石波打线

❶ 雕花磨砂玻璃
❷ 黑色烤漆玻璃
❸ 热熔玻璃
❹ 肌理壁纸
❺ 仿木纹玻化砖
❻ 桦木饰面板
❼ 米白色玻化砖

❶ 水曲柳饰面板

❷ 木质踢脚线

❸ 陶瓷锦砖

❹ 爵士白大理石

❺ 仿木纹玻化砖

❻ 密度板造型隔断

❼ 黑镜装饰线

❶ 密度板雕花隔断
❷ 黑色烤漆玻璃
❸ 强化复合木地板
❹ 爵士白大理石
❺ 黑胡桃木饰面板
❻ 米色玻化砖

❶ 灰镜吊顶
❷ 中花白大理石
❸ 深啡网纹大理石波打线
❹ 米色亚光玻化砖
❺ 车边银镜
❻ 有色乳胶漆
❼ 手绘墙饰

❶ 松木板吊顶
❷ 黑镜吊顶
❸ 仿木纹玻化砖
❹ 黑色烤漆玻璃
❺ 白色乳胶漆
❻ 米黄色玻化砖
❼ 木质搁板

▶ 松木板看起来相当厚实，用其进行吊顶装饰给人一种温暖的感觉，且具有环保性和稳定性。因其为实木条直接连接而成，故比大芯板更环保，更耐潮湿。选购时注意木板的厚薄、宽度要一致，纹理要清晰。还应注意木板是否平整，是否起翘。要选择颜色鲜明，略带红色的松木板，若色暗无光泽，则说明是朽木。另外，用手指甲抠木板，如果没有明显的印痕，那么木板的质量应为优等。

参考价格： 规格 1200mm×90mm×20mm 20~40 元／片

❶ 茶色烤漆玻璃
❷ 装饰银镜
❸ 装饰灰镜
❹ 有色乳胶漆
❺ 木质踢脚线
❻ 红松木板吊顶
❼ 木质搁板

1 条纹壁纸

2 有色乳胶漆

3 仿木纹壁纸

4 白枫木百叶

5 黑白根大理石波打线

6 强化复合木地板

简约现代
卧室

❶ 泰柚木饰面板
❷ 混纺地毯
❸ 印花壁纸
❹ 布艺软包
❺ 强化复合木地板
❻ 木质搁板
❼ 陶瓷锦砖

① 强化复合木地板
② 木质搁板
③ 有色乳胶漆
④ 白枫木饰面板
⑤ 布艺装饰硬包
⑥ 石膏顶角线
⑦ 白枫木格栅

▶ 木格栅结构颇受人们的青睐。木格栅具有良好的透光性、空间性、装饰性及隔热、降噪等功能。在家庭装修中用得最普遍的是推拉门、窗，其次是吊顶、平开门和墙面的局部装饰。木格栅作墙饰，中间镶入磨砂玻璃，轻巧秀丽，静谧与工艺性尽显其中，具有一种"通透"美。

参考价格：420~600 元 /m²

① 有色乳胶漆
② 强化复合木地板
③ 肌理壁纸
④ 混纺地毯
⑤ 泰柚木饰面板
⑥ 白枫木装饰线
⑦ 大理石踢脚线

❶ 条纹壁纸

❷ 仿木纹壁纸

❸ 有色乳胶漆

❹ 木质踢脚线

❺ 雕花烤漆玻璃

❻ 印花壁纸

❶ 水曲柳饰面板
❷ 混纺地毯
❸ 黑色烤漆玻璃
❹ 泰柚木饰面板
❺ 木质踢脚线
❻ 白枫木饰面板

❶ 印花壁纸
❷ 艺术地毯
❸ 强化复合木地板
❹ 艺术墙贴
❺ 有色乳胶漆
❻ 条纹壁纸

❶ 装饰银镜

❷ 艺术地毯

❸ 印花壁纸

❹ 木质踢脚线

❺ 实木地板

❻ 石膏顶角线

❼ 布艺装饰硬包

① 石膏顶角线

② 布艺软包

③ 白枫木装饰线

④ 仿木纹壁纸

⑤ 白色亚光墙砖

⑥ 强化复合木地板

❶ 雕花银镜
❷ 车边银镜
❸ 布艺软包
❹ 印花壁纸
❺ 仿木纹壁纸
❻ 白枫木百叶
❼ 装饰银镜

❶ 艺术墙贴
❷ 有色乳胶漆
❸ 条纹壁纸
❹ 水曲柳饰面板
❺ 布艺软包
❻ 木质踢脚线
❼ 白枫木百叶

▶ 艺术墙贴是近些年来新兴的设计产品，由于具有使用方便、随性组合的优点，加上价格极具亲和力，在短短几年内就成为居家墙面装饰的新兴建材。让人欣喜的是，这类装饰墙贴提供给使用者参与拼贴的机会，让每个人都能创作出独特的墙面表情。

参考价格：10~50元/幅

❶ 石膏顶角线

❷ 条纹壁纸

❸ 木质踢脚线

❹ 白色乳胶漆

❺ 泰柚木饰面板

❻ 黑胡桃木装饰线

❼ 印花壁纸

❶ 条纹壁纸

❷ 布艺软包

❸ 有色乳胶漆

❹ 混纺地毯

❺ 肌理壁纸

❻ 羊毛地毯

① 茶镜装饰线
② 布艺软包
③ 强化复合木地板
④ 条纹壁纸
⑤ 白枫木百叶
⑥ 印花壁纸
⑦ 羊毛地毯

❶ 木质搁板

❷ 白色乳胶漆

❸ 白枫木装饰线

❹ 强化复合木地板

❺ 混纺地毯

❻ 木质踢脚线

❼ 中花白大理石

❶ 木质踢脚线

❷ 强化复合木地板

❸ 白枫木格栅

❹ 混纺地毯

❺ 有色乳胶漆

❻ 肌理壁纸

❶ 泰柚木饰面板
❷ 皮革装饰硬包
❸ 印花壁纸
❹ 水曲柳饰面板
❺ 混纺地毯
❻ 银镜装饰线
❼ 磨砂玻璃

❶ 黑色烤漆玻璃

❷ 艺术地毯

❸ 有色乳胶漆

❹ 印花壁纸

❺ 装饰茶镜

❻ 布艺软包

❼ 强化复合木地板

❶ 黑胡桃木装饰线

❷ 印花壁纸

❸ 强化复合木地板

❹ 艺术地毯

❺ 皮革装饰硬包

❻ 雕花烤漆玻璃

❼ 有色乳胶漆

▶ 强化复合木地板俗称金刚板，其标准名称为"浸渍纸层压木质地板"。一般由四层材料复合组成，即耐磨层、装饰层、高密度基材层、平衡(防潮)层。合格的强化地板是以一层或多层专用浸渍热固氨基树脂，覆盖在高密度板等基材表面，背面加平衡防潮层、正面加装饰层和耐磨层经热压而成。

参考价格： 80~250 元 /m²

❶ 松木板吊顶

❷ 木质踢脚线

❸ 胡桃木装饰线

❹ 艺术地毯

❺ 印花壁纸

❻ 强化复合木地板

1 艺术地毯
2 布艺软包
3 强化复合木地板
4 水曲柳饰面板
5 肌理壁纸
6 木质踢脚线

简约现代
厨房

① 胡桃木饰面橱柜
② 大理石踢脚线
③ 灰白色亚光玻化砖
④ 铝制百叶
⑤ 米白色抛光墙砖
⑥ 强化复合木地板

❶ 三氰饰面板

❷ 有色乳胶漆

❸ 米色亚光墙砖

❹ 仿木纹墙砖

❺ 灰色亚光墙砖

❻ 大理石踢脚线

▶ 墙砖能很好地协调居室内的色彩，而且贴墙砖是保护墙面免遭水溅的有效途径。墙砖不仅可用于墙面，还可以用在门窗的边缘装饰上——用墙砖装饰门窗边缘也是一种有趣的装饰元素。在踢脚线处使用装饰墙砖也很常见，既美观又能保护墙基不被鞋或桌椅凳脚弄脏。

参考价格： 规格300mm×450mm 6~15元/片

❶ 铝制百叶

❷ 黑色亚光墙砖

❸ 木纹大理石

❹ 深啡网纹大理石波打线

❺ 镜面锦砖

❻ 白色亚光墙砖

❼ 直纹斑马木饰面橱柜

❶ 三氰饰面板
❷ 铝制百叶
❸ 米色亚光墙砖
❹ 仿古砖
❺ 米色人造大理石台面
❻ 米色亚光玻化砖

❶ 米色亚光墙砖
❷ 爵士白大理石
❸ 米色网纹抛光墙砖
❹ 铝扣板吊顶
❺ 三氰饰面板
❻ 米色玻化砖

❶ 三氰饰面板

❷ 灰色亚光墙砖

❸ 铝制百叶

❹ 木纹大理石

❺ 胡桃木饰面橱柜

❻ 中花白大理石

1 松木板吊顶

2 陶瓷锦砖

3 大理石踢脚线

4 泰柚木饰面板

5 黑胡桃木装饰线

6 白色抛光墙砖

7 仿木纹亚光玻化砖

❶ 白色玻化砖

❷ 三氰饰面板

❸ 铝扣板吊顶

❹ 米黄色大理石

❺ 米白色玻化砖

❻ 铝制百叶

▶ 三聚氰胺板简称三氰板，是将三聚氰胺板铺装在刨花板、防潮板、中密度纤维板或硬质纤维板表面，经热压而成的装饰板。其色泽鲜明，图案丰富，经常用作各种人造板木材的贴面。因为该产品硬度大，耐磨，耐热性好，表面平滑光洁，容易维护清洗，所以成为现代家庭装修中橱柜的首选装饰。

参考价格：70~120 元 /m²

1 水曲柳饰面板

2 米白色玻化砖

3 黑镜装饰线

4 灰色抛光墙砖

5 木纹大理石

6 铝制百叶

❶ 米色亚光墙砖

❷ 艺术墙砖腰线

❸ 密度板雕花隔断

❹ 三氰饰面板

❺ 实木顶角线

❻ 肌理壁纸

❼ 强化复合木地板

简约现代
卫浴

❶ 白色抛光墙砖
❷ 仿古砖
❸ 黑晶砂大理石台面
❹ 铝制百叶
❺ 艺术墙砖
❻ 陶瓷锦砖

❶ 爵士白大理石

❷ 钢化玻璃

❸ 陶瓷锦砖

❹ 深啡网纹大理石

❺ 木纹大理石

❻ 铝制百叶

❼ 中花白大理石

▶ 深啡网纹大理石以浅褐、深褐与丝丝浅白花纹错综交替，呈现纹理鲜明的网状效果，质感极强，立体层次感强，诠释庄重沉稳之风。白色纹理如水晶般剔透，装饰效果极佳。石材本身具有较高的强度和硬度，还有耐磨性和持久性，深受室内设计师的青睐。

参考价格：规格 800mm×800mm 120~180 元 / 片

❶ 米色网纹大理石

❷ 皮纹砖

❸ 仿古砖

❹ 中花白大理石

❺ 铝制百叶

❻ 胡桃木饰面板

① 白色抛光墙砖

② 钢化玻璃

③ 爵士白大理石

④ 陶瓷锦砖

⑤ 黑白根大理石拼花

⑥ 仿古砖

❶ 密度板雕花隔断

❷ 皮纹砖

❸ 仿古砖

❹ 钢化玻璃

❺ 铝制百叶

❻ 布艺卷帘

❼ 云纹大理石

❶ 米黄色亚光墙砖

❷ 铝制百叶

❸ 强化复合木地板

❹ 黑白根大理石

❺ 艺术墙砖

❻ 陶瓷锦砖

❼ 木纹大理石

❶ 木纹大理石

❷ 车边银镜

❸ 铝制百叶

❹ 米色抛光墙砖

❺ 钢化玻璃

❻ 米黄色大理石

① 陶瓷锦砖

② 黑色镜面玻璃

③ 木质卷帘

④ 雕花银镜

⑤ 仿古砖

⑥ 雕花烤漆玻璃

▶ 黑色镜面玻璃主要用作装饰用镜。因其黑色的外观能体现出庄重、神秘的气质而被广大爱好者所青睐。黑色镜面玻璃的安装工艺：清理基层—钉木龙骨架—钉衬板—固定玻璃。注意，玻璃厚度应为5~8mm。安装时严禁锤击和撬动，若不合适应取下重新安装。

参考价格：70~130 元 /m²

❶ 釉面砖
❷ 黑色烤漆玻璃
❸ 浅啡网纹大理石
❹ 陶瓷锦砖腰线
❺ 木纹大理石

❶ 钢化玻璃

❷ 米色网纹大理石

❸ 仿木纹墙砖

❹ 米色玻化砖

❺ 艺术墙砖腰线

❻ 中花白大理石

❼ 陶瓷锦砖拼花